# DE L'ENGRAIS

# NITRO-PHOSPHATÉ

ou application à l'Agriculture

## DU NITRATE DE POTASSE OU SALPÊTRE

**Uni au Phosphate de Chaux**

par

BARRIÈRE & FILS aîné,

**USINE A CAUDÉRAN, près Bordeaux.**

COMPTOIR : IMPASSE DU VIEUX-MARCHÉ, 8.

# DE L'ENGRAIS NITRO-PHOSPHATÉ

# DE L'ENGRAIS

# NITRO-PHOSPHATÉ

ou application à l'Agriculture

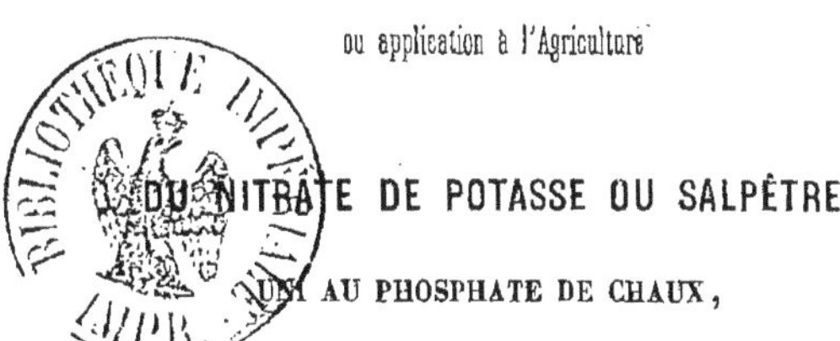

DU NITRATE DE POTASSE OU SALPÊTRE

UNI AU PHOSPHATE DE CHAUX,

par

BARRIÈRE & FILS aîné.

---

BORDEAUX

TYPOGRAPHIE Ve JUSTIN DUPUY ET COMP.

Rue Gouvion, 20

—

1865

# INTRODUCTION.

*La base de l'agriculture c'est l'engrais*, a dit l'un des plus grands agronomes de notre époque, M. Girardin, doyen de la Faculté des sciences de Lille.

Après lui nous ne cesserons de répéter : sans engrais, pas de culture possible; sans engrais, point de récolte, et, par conséquent, point de richesse, puisque le sol que nous semblons parfois dédaigner est la source unique de notre prospérité et de notre bien-être.

Notre assertion peut sembler exagérée; et cependant nous la maintiendrons dans toute sa force jusqu'à ce qu'on nous prouve que la prospérité des Etats, aussi bien que des peuples, ne dépend pas de la plus ou moins grande fertilité de la terre que nous cultivons.

Il faut des engrais à l'agriculture, et des engrais judicieusement choisis.

La chimie industrielle qui, de nos jours, a fait de si admirables progrès ; les besoins de l'agriculture devenus de plus en plus impérieux, ont créé de nouvelles sources d'engrais et converti en produits utiles à la terre des quantités innombrables de matières inconnues et délaissées.

Sans doute, il faut le reconnaître, de toutes ces industries plus ou moins bien éclairées, ne sont pas toujours sortis des produits qui pouvaient présenter toutes garanties; mais il faut le constater à la gloire de la science qui enseignait et de la loyauté qui voulait et devait y présider, nous avons vu le plus souvent de nobles efforts dignement couronnés, et l'agriculture richement dotée d'engrais éminemment fertilisateurs.

Parmi les produits réellement dus aux découvertes de la science moderne, — de cette science qui ne s'arroge pas le droit de faire des lois, mais de découvrir et de constater celles qui existent,

— nous ne craindrons pas de mettre en première ligne les *Nitrates de potasse ou salpêtre*.

Les nitrates de potasse ont été depuis quelques années, au point de vue de l'alimentation végétale, l'objet d'intéressantes et utiles recherches.

On les rencontre dans la plupart des sols, dans les eaux de source et de rivière, ainsi que dans les eaux pluviales. Les terres arables, notamment celles qui sont abondamment fumées, en renferment de notables proportions.

On a également constaté la présence du nitrate de potasse dans la sève d'un grand nombre de végétaux, tels que la bourrache et la pariétaire. M. Boussingault rapporte que les plants de tabac qui croissent près de Mazulipatam, — dont les terres sont excessivement salpêtrées, — se chargent d'une telle quantité de nitre, que les feuilles en deviennent toutes blanches; il cite, en outre, l'observation faite par M. Baumé sur un tournesol qui, venu sur des couches de terreau, contenait tant de nitre que sa moëlle, jetée sur des charbons ardents, détonnait vivement. (1)

(1) *Journal d'agriculture pratique*, 4e série, t. V, p. 64.

L'existence des nitrates dans l'organisme végétal, rapprochée de leur diffusion dans la nature et de la fertilité que montrent les terres imprégnées de salpêtre, permettent, sans aucun doute, de les considérer comme des agents capables d'exercer une influence des plus heureuses sur la végétation.

Aux Indes, le limon du Gange, si riche en nitrate de potasse, est employé comme un engrais puissant.

En Espagne, plusieurs localités situées à peu de distance de Saragosse ont des mines inépuisables de nitrate de potasse, et on remarque que la terre voisine des nitrières donne des récoltes abondantes.

Enfin le savant illustre que nous avons cité, M. Boussingault, institua, dans ces dernières années, de nombreuses et minutieuses expériences à l'effet de déterminer l'action que les nitrates de potasse et de soude exercent sur la végétation. Les recherches du savant ne laissent aucun doute sur l'efficacité de ces substances, et paraissent même démontrer que les nitrates sont absorbés par les plantes sans avoir subi d'altération préalable.

Il ne faudrait pas se méprendre sur la valeur réelle de cet agent : il est apte sans doute à fournir à la plante des éléments d'une haute utilité dans les élaborations dont elle est le siége ; mais il est insuffisant pour satisfaire à tous ses besoins, et par conséquent incapable de fournir à nos récoltes les matériaux qu'elles réclament pour arriver à leur complet développement.

C'est pour obvier à cet inconvénient et pour faire un engrais complet que nous avons ajouté à notre salpêtre, riche en azote et en potasse, l'un des éléments les plus recherchés par les plantes : le *phosphate de chaux ;* et c'est aussi ce qui nous a fait donner à ce produit le nom caractéristique d'engrais NITRO-PHOSPHATÉ.

Nous espérons que l'agriculture trouvera dans cet amendement une source féconde et permanente de richesses. Le produit n'est pas nouveau ; mais son application dans la pratique agricole est très sûrement nouvelle. Heureux si nos efforts peuvent contribuer au succès et à la prospérité de l'agriculture dans nos contrées.

Un auteur anglais d'une grande et légitime réputation, Swift, disait : « Celui qui fait croître deux brins d'herbe où il n'en croissait qu'un, est un homme plus utile que tous les politiques réunis. »

Puissions-nous être de ceux-là !

# DE L'ENGRAIS

# NITRO-PHOSPHATÉ

---

## CHAPITRE Ier.

### Propriétés physiques du Salpêtre.

L'azotate de potasse, également connu sous les noms de *nitre*, *sel de nitre*, salpêtre, *nitrate de potasse* est incolore, inodore, d'une saveur d'abord fraîche mais piquante et amère; ses cristaux sont très friables. Lorsqu'on les conserve quelque temps dans la main, ils se brisent en faisant entendre un léger bruit.

Le nitre est inaltérable dans les circonstances atmosphériques ordinaires; il ne devient déliquescent que dans un air presque saturé d'humidité.

Il entre en fusion vers 300° et donne par le refroidissement une masse blanche, opaque, à cassure vitreuse, connue sous le nom de *cristal minéral*. Cette masse se pulvérise plus facilement que les cristaux de nitre, qui présentent toujours une certaine élasticité.

La solubilité de l'azotate de potasse dans l'eau a été déterminée à diverses températures par Gay-Lussac.

| | | | | |
|---|---|---|---|---|
| 100 parties d'eau | à 0° | dissolvent | 13°,3 | de nitrate. |
| — | à 24° | | 38°,4 | — |
| — | à 50°,7 | | 97°,7 | — |
| — | à 79°,7 | | 169°,7 | — |
| — | à 97°,7 | | 236°,0 | — |

D'après M. Lepage, une dissolution de nitre saturée à la température de son ébullition contient 335 parties de ce sel pour 100 parties d'eau et bout à 115°,9.

La solubilité du nitre, qui augmente considérablement avec la température, comme l'indique le tableau précédent, permet de purifier ce sel avec la plus grande facilité en le débarrassant par cristallisation des sels étrangers qu'il peut contenir.

Les acides plus fixes que l'acide azotique décomposent le nitre sous l'influence de la chaleur, et mettent en liberté l'acide azotique qui se décompose lui-même si la température est suffisamment élevée. L'argile elle-même peut opérer cette décomposition.

Le nitre est abondamment répandu dans la nature; on le trouve principalement en Egypte, dans l'Inde, en Amérique et en Espagne. La Pouille, en Italie, est célèbre par quelques nitrières naturelles, notamment celle de Molfetta. Aux Etats-Unis on recueille le salpêtre dans les grottes calcaires du Kentuchy. Dans ces différents pays, le salpêtre vient s'effleurir à la surface du sol.

La Hongrie, l'Ukraine et surtout la Podolie, fournissent à l'Europe une grande quantité de nitre. On le retire par la lixivation du terrain noir qui recouvre ces vastes plaines.

On cite en France quelques localités qui produisent du nitre; ainsi, dans le département de Seine-et-Oise, à la Roche-Guyon, on trouve des efflorescences qui sont assez riches en salpêtre.

Ce sel vient cristalliser à la surface des murs des vieux bâtiments, des caves et surtout des étables. On le retire souvent des plâtres de démolitions.

Quoique la France ne possède pas de dépôts riches en salpêtre, elle peut cependant en fournir en grande quantité. Ainsi, au moment des guerres les plus actives, la production annuelle du salpêtre en France s'est élevée à 1,900,000 kilogrammes. Paris en fournissait les 7/20; la Touraine les 2/20; toutes les autres provinces les 10/20, et les nitrières artificielles 1/20.

Il y eut un temps où la France ne pouvant pas tirer de l'étranger le nitre qui lui était nécessaire pour fabriquer sa poudre, exploitait non-seulement celui que la nature lui offrait spontanément, mais en provoquait la formation artificielle. Aussi autrefois l'exploitation des *nitrières artificielles* était-elle une des industries les plus importantes; aujourd'hui elle est presque anéantie parce que l'importation des azotates alcalins est redevenue libre, et les droits excessifs qui l'entravaient ont été considérablement réduits.

Dans les nitrières artificielles on cherche à réaliser toutes les circonstances qui paraissent favorables à la production du nitre: des matières végétales et animales, des sels alcalins et calcaires s'y trouvent exposés pendant longtemps à l'action de l'air humide (1).

**Extraction du nitre.**

On peut obtenir le nitre en transformant l'azotate de soude en azotate de potasse, et pour cela, on fait réagir du chlorure de potassium sur de l'azotate de soude. Les

(1) Si l'on construit des espèces de petits murs peu épais avec de la terre calcaire très peu argileuse mêlée et gachée avec de la cendre, de la paille et même des fumiers; si l'on couvre ces matières d'un toit de gazon et qu'on les arrose de temps en temps, on aura au bout de l'année des terres chargées de salpêtre, surtout si elles sont préservées de grandes pluies. Si l'on n'a pas ajouté de cendres, on a moins de nitrate de potasse et plus de nitrate de chaux.

deux sels sont dissous, dans l'eau bouillante; le chlorure de sodium, étant le sel le moins soluble à chaud, se précipite le premier, et l'azotate de potasse reste dans la liqueur; il se dépose en cristaux par le refroidissement.

Cette double décomposition ne se fait que dans une liqueur bouillante; à une température plus basse, l'azotate de soude cristalliserait le premier, et le chlorure de potassium resterait en dissolution (Gay-Lussac). Le principe qui domine ces réactions émane des lois de Berthollet : *Toutes les fois que deux sels, par l'échange de leurs principes, peuvent donner naissance à un sel moins soluble, celui-ci se forme et se sépare.*

## Lavage des matériaux salpêtrés.

Pour laver facilement les matériaux salpêtrés, on commence par les concasser et les passer à la claie; on les mélange ensuite avec des cendres ou toute autre matière contenant du carbonate de potasse, afin d'opérer la *saturation des liqueurs.*

On introduit le mélange dans des tonneaux défoncés d'un côté, reposant sur le fond qui leur reste et placés au-dessus d'une rigole nommée *recette;* on les soumet à un lavage systématique qui a pour effet d'enlever aux matériaux salpêtrés presque tout le nitre qu'ils contiennent avec le moins d'eau possible afin de diminuer les frais d'évaporation.

L'évaporation des eaux salpêtrées, qui porte le nom de *cuite*, se fait dans de grandes chaudières de fonte ou de cuivre.

Les liqueurs, en se concentrant, laissent déposer du carbonate de chaux, du sulfate de chaux et des matières animales; ces dépôts sont appelés *boues*. Pendant cette concentration, il se manifeste une forte odeur ammoniacale.

### Purification de l'azotate de potasse.

L'opération, nous dit M. Malaguti dans ses leçons de chimie, est fondée sur la rapidité avec laquelle la solubilité de l'azotate de potasse augmente avec la température, pendant que la solubilité du chlorure de sodium reste à peu près constante.

Si à 100 parties d'eau, dit le savant professeur, on en ajoute 500 de salpêtre, contenant par exemple 20 % de sel marin, et si l'on chauffe jusqu'à ébullition, une grande quantité de cette dernière substance restera indissoute, puisqu'une pareille quantité d'eau pourra à peine dissoudre un peu plus d'un tiers de ce qui est contenu dans le salpêtre; elle dissoudra, au contraire, très aisément tout l'azotate de potasse. Voilà donc un premier moyen d'épuration, si, après avoir retiré le sel marin qui n'est pas dissous, on laisse refroidir graduellement la dissolution ; comme à la température ordinaire le sel marin est presque aussi soluble qu'à 100°, il doit arriver qu'il ne s'en séparera pas, ou du moins qu'il s'en séparera très peu, tandis que les 9/10 au moins du salpêtre se déposeront.

Puisqu'il existe une si grande différence entre les solubilités des deux sels, il sera aisé, en opérant sur des dissolutions peu concentrées, d'obtenir l'azotate pur, attendu que le chlorure de sodium trouve toujours assez de véhicule pour rester dissous.

Comme les dissolutions de salpêtre brut sont troubles et visqueuses, on les clarifie avec du sang de bœuf ou de la colle ; les matières organiques, cause de la viscosité, sont amenées à la surface sous forme d'écume, que l'on enlève avec une écumoire. Les dissolutions claires sont transportées dans des cristallisoirs où, par le refroidissement, elles abandonnent la plus grande partie de l'azotate de potasse qu'elles renferment ; et comme les cristaux seraient très volumineux, on agite le liquide pour qu'il ne s'en dépose que de petites dimensions. Ces petits cristaux ne retiennent que cette minime portion d'eau qui reste interposée entre cristal et cristal et qu'on élimine facilement par des lavages à froid.

### Théorie de la nitrification.

Cette importante question qui, dans ces temps derniers, a justement préoccupé tous nos savants, doit nécessairement trouver sa place dans cet opuscule, puisque c'est surtout au point de vue de la végétation que les recherches ont été faites. Bien des efforts ont été tentés, bien des opinions ont été émises, mais il appartenait à notre époque de montrer dans toute leur évidence les lois qui présidaient à la nitrification.

Les anciens connaissaient le salpêtre et le désignaient sous le nom de *nitrum ;* mais aussi ils appliquaient ce nom à tout sel en dissolution dans l'eau et aux efflorescences des murailles. On sait, depuis les expériences de M. Kuhlmann, que les efflorescences qui se trouvent sur les murs humides sont souvent formées de sulfate et de carbonate de soude.

Les alchimistes pensaient que l'atmosphère était la source de l'acide nitreux (acide azotique) qui existe dans les terres arables et forme le nitre.

Glauber est le premier chimiste qui rejette cette opinion et qui attribue au salpêtre trois origines différentes. Il admet : 1° que ce sel est tout formé dans les végétaux et qu'il passe de là dans les animaux, qui se l'assimilent dans les voies de la digestion ; 2° qu'il se produit une quantité considérable de ce sel par la décomposition des matières végétales et animales ; 3° enfin qu'indépendamment de ce salpêtre, en quelque sorte factice, il s'en rencontre de naturel dans le règne minéral. Glauber admet également que le sel marin peut se transformer en nitre.

En 1749, Piertsh chercha à prouver que les végétaux qui croissaient dans un terrain quelconque avaient la propriété d'attirer et de se rendre propre une grande partie du nitre qu'il contenait.

Clouet et Lavoisier remarquèrent que certaines terres des champs soumises à la lixivation donnent des quantités considérables de salpêtre, lorsqu'on les expose ensuite aux influences sous lesquelles elles se trouvaient avant les lavages. Ils admirent que l'acide azotique n'était pas préexistant dans les endroits où se formait le nitre, mais qu'il s'y produisait par l'action de l'air et par le concours de circonstances difficiles à saisir.

Après ces savants, Thouvenel, en 1782, Cavendish,

en 1784; Gay-Lussac et Longchamp, en 1823, reprennent tour à tour cette question, et leurs discussions, quoique très profondes et très éclairées, laissent des doutes et des indécisions que la science moderne devait complètement aplanir.

Aujourd'hui il est donc acquis que les substances organiques azotées, en se décomposant ou en s'oxydant, sont une des causes de la formation du salpêtre.

S'il en est ainsi, on comprend facilement quelle importance et quelle puissance fertilisante doivent avoir dans le sol les sels formés dans de pareilles conditions et ayant une origine de cette nature.

---

## CHAPITRE II.

Nous avons vu précédemment que les nitrates avaient leur origine dans l'air et dans le sol, du moment qu'il se rencontrait dans ce dernier des matières organiques azotées.

Il est évident que ce sel doit avoir une influence marquée sur la végétation, car cette nature si ingénieuse dans ses inventions, si admirable dans ses ressources, n'aurait pas voulu que les plantes qu'elle a mission d'entretenir eussent été privées d'un double aliment dont les bases sont indispensables à la nutrition du moindre végétal.

En effet, il est reconnu que *l'azote* et *la potasse* sont nécessairement requis si l'on veut assurer une végétation tout à la fois riche et productive.

## Azote.

L'*azote*, qui forme il est vrai la plus petite proportion de la masse des plantes, se montre dans tous les tissus à l'état naissant et dans les graines. Il a pour origine les engrais animaux incorporés au sol, ainsi que l'ammoniaque et l'acide azotique contenus dans l'atmosphère. Les eaux pluviales enlèvent à celle-ci toutes les vapeurs ammoniacales qui y arrivent sans cesse par suite de la putréfaction des matière animales. Tout l'acide azotique qui se produit dans les hautes régions de l'air par les décharges électriques, en imbibe le sol, et dès lors les racines absorbent ces composés azotés qui, portés dans l'organisme, se trouvent soumis à une série de réactions chimiques qui permettent l'assimilation de leur principe élémentaire.

Les plantes cultivées par nous, dit M. Girardin, reçoivent de l'atmosphère la même quantité d'azote que les plantes sauvages, la même que les arbres et les arbrisseaux, mais cettte quantité ne suffit pas aux besoins de l'agriculture; de là, naissent l'utilité et la nécessité des engrais azotés.

Aussi, chaque fois qu'il s'agit de la production d'un engrais quelconque, la première pensée du fabricant estelle de rechercher là où il pourra se procurer la plus grande quantité de produits azotés.

L'expérience, et en agriculture, c'est un bon guide, l'expérience, disons-nous, avait pleinement confirmé cette pratique lorsque la science est venue avec son autorité, qu'il faut toujours admettre, approuver et encourager cette manière de faire.

L'azote est donc utile et indispensable à la vie de toutes les plantes. Voyons s'il n'est pas d'autres matériaux qui, presque toujours, doivent aussi se rencontrer dans la composition de ces mêmes plantes, et sans lesquels leur vie végétative ne pourrait s'élaborer.

Il est reconnu qu'une quantité de sels terreux, tels que la potasse, la soude, la chaux, les phosphates sont impérieusement réclamés, et ce sont les végétaux eux-mêmes qui, interrogés par la plus scrupuleuse analyse, nous ont dit quels étaient ceux à qui ils accordaient une préférence marquée.

La potasse et les phosphates étant les deux sels que l'on reconnaît aujourd'hui, et avec raison, comme entrant nécessairement dans la constitution des plantes, nous en dirons quelques mots.

### La Potasse.

La *potasse* est une substance solide, blanche, très corrosive quand elle est pure; elle se dissout abondamment dans l'eau, et la liqueur qui en provient, grasse au toucher, possède tous les caractères que l'on observe dans une bonne lessive de cendres de bois. Cela est tout naturel, puisqu'en lessivant ces cendres on ne fait que leur enlever la potasse qu'elles contiennent en assez forte quantité, et en même temps quelques autres substances qui ne changent pas sensiblement les propriétés de la lessive.

Elle est très répandue dans la nature; elle est toujours combinée avec les acides. On la rencontre dans presque toutes les roches, et principalement dans le feldspath;

elle se trouve quelquefois en assez grande quantité dans la terre labourable, dans l'argile; c'est elle qui sature en partie les acides végétaux et forme différents sels organiques qui, par la calcination, produisent le carbonate de potasse qu'on retrouve dans les cendres.

On constate la présence de la potasse dans presque tous les végétaux, et quelquefois en proportions assez considérables. Les cendres de pommes de terre, celles de haricots en contiennent environ la moitié de leur poids; les cendres des fèves de marais et celles des topinambours en contiennent environ 45 %.

La composition de la partie soluble des cendres varie beaucoup suivant les essences de bois; c'est ce qu'indiquent les analyses suivantes empruntées à M. Berthier.

| | Chêne. | Tilleul. | Bouleau. | Sapin. | Pin. |
|---|---|---|---|---|---|
| Potasse avec plus ou moins de soude..... | 64,1 | 60,24 | 79,5 | 65,4 | 57,00 |
| Acide carbonique...... | 24,0 | 27,42 | 17,0 | 30,2 | 20,75 |
| » sulfurique....... | 8,1 | 7,53 | 2.3 | 3,1 | 12,00 |
| » chlorydrique.... | 0,1 | 1,80 | 0,2 | 0,3 | 6,50 |
| » silicique......... | 0,2 | 1,61 | 1,0 | 1,0 | 1,35 |

D'après le même savant aux ouvrages duquel nous avons emprunté les analyses ci-dessus, la potasse la plus pure serait celle qui proviendrait des cendres du bouleau et la moins pure serait celle du pin.

Les plantes herbacées donnent beaucoup plus de cendres, et par suite plus de potasse que les plantes ligneuses.

La potasse que l'on trouve aussi dans les cendres n'est pas de la potasse pure; elle se trouve ordinairement unie à de l'acide carbonique, constituant alors la substance que les chimistes appellent *potasse carbonatée* ou mieux *carbonate de potasse*. Mais les caractères de la potasse n'éprouvent que des modifications assez peu importantes par suite de cette union avec l'acide carbonique.

100 kil. de cendres traitées par l'eau donnent, après évaporation, un résidu *salin* qui équivaut à peu près à 10 kil. La partie insoluble des cendres est désignée sous le nom de *charrée*. Dans divers pays la charrée, comme on le sait, sert à amender les terres. Comme cet engrais est assez répandu dans certaines contrées, nous croyons faire plaisir à nos lecteurs en leur donnant ici quelques analyses de charrées que nous empruntons à deux savants chimistes et qui se sont fait un nom justement célèbre dans les annales de la science : MM. Morides et Bobierre, de Nantes.

## CHARRÉES.

| | de Nantes. | de la Rochelle. | de la Flotte. |
| --- | --- | --- | --- |
| Matières organiques................ | 9,80 | 6,00 | 2,90 |
| Sels solubles dans l'eau............ | 1,05 | 2,00 | 3,40 |
| Silice................................ | 13,60 | 42,70 | 50,20 |
| Oxide de fer alumine et phosphate de chaux.......................... | 27,30 | 12,35 | 10,90 |
| Carbonate de chaux.............. | 47,10 | 34,80 | 26,60 |
| Magnésie et perte.................. | 1,15 | 2,15 | 6,00 |
| | 100,00 | 100,00 | 100,00 |

### Les Phosphates.

Les *phosphates* que l'on rencontre soit dans les récoltes de natures diverses, soit dans les parties d'une même récolte, ne sont pas tous de même espèce; mais tous renferment un élément commun, l'*acide phosphorique* qui, comme tous les acides, peut se combiner avec les bases et devenir phosphate de chaux, phosphate d'ammoniaque, phosphate de potasse, etc., etc., etc,

La quantité d'acide phosphorique contenue dans une récolte pourra nous donner une idée de l'abondance des phosphates qui ont été enlevés au sol. Pour preuve, nous présenterons sur ce sujet quelques données expérimentales que nous empruntons à l'excellente chimie agricole de M. Isidore Pierre, le célèbre professeur de la faculté de Caen.

| | | | |
|---|---|---|---|
| Froment | Grain | 19,7 | 30,9 |
| | Paille | 11,2 | |
| Seigle | Grain | 37,4 | 42,0 |
| | Paille | 4,6 | |
| Orge | Grain | 11,7 | 15,3 |
| | Paille | 3,6 | |
| Avoine | Grain | 19,0 | 24,8 |
| | Paille | 5,8 | |
| Colza | Grain | 21,2 | 37,8 |
| | Paille | 16,6 | |
| Sarrasin | Grain | 18,2 | 22,4 |
| | Paille | 4,2 | |
| Maïs | Grain | 13,3 | 64,6 |
| | Paille | 51,3 | |
| Haricots | Grain | | 24,9 |
| Fèves | Grain | 29,0 | 42,9 |
| | Paille | 13,9 | |
| Pois | Grain | 9,0 | 13,1 |
| | Paille | 3,8 | |
| Lentilles | Grain | 6,9 | 15,5 |
| | Paille | 8,6 | |
| Vesces | Grain | 8,7 | 16,8 |
| | Paille | 8,1 | |
| Pommes de terres | tubercules | | 13,9 |
| Betteraves (racines seules) | | | 17,6 |
| Navets (id.) | | | 6,6 |
| Topinambours | tubercules | | 35,6 |
| Trèfle rouge (deux coupes) | | | 33,1 |
| Foin de prairie | | | 22,2 |
| Ray-grass (deux au trois coupes) | | | 13,8 |
| Sainfoin à deux coupes | | | 96,0 |

Au reste ces nombres varieront nécessairement avec l'abondance des récoltes, et ils ne doivent être considérés que comme des indications approximatives; mais il n'en est pas moins vrai que les phosphates doivent contribuer à la fertilité des terres, et ces prévisions sont conformes à la réalité.

Le phosphate de chaux, beaucoup plus commun et par suite beaucoup moins dispendieux que les autres bien que son prix tend à s'élever chaque jour, est celui qui est journellement employé dans la pratique agricole. La source de ce phosphate est ordinairement les os, qui en contiennent des proportions considérables. C'est à l'état pulvérulent de rognures, de sciures d'os que cet agent si puissamment fertilisateur est introduit dans le sol; mais plus il est à l'état de division, plus ses effets se font sentir.

Les os contiennent une petite quantité de sels de soude et de chaux et plus spécialement de carbonate de chaux.

Les premières tentatives d'emploi d'os comme engrais, nous dit le savant cité plus haut, paraissent devoir être attribuées à Friedrich Kropp, de Sollingen, en 1802; il obtint des résultats remarquables.

Aussitôt qu'on eut connaissance de ces essais en Angleterre et du résultat, on vit s'élever à Hull (comté d'York) et dans les environs de Londres de nombreux moulins, dont quelques-uns pouvaient broyer jusqu'à 20,000 kil. d'os par jour.

Des navires allaient chercher des cargaisons entières

d'os dans tous les pays de l'Europe et même jusqu'aux Indes-Orientales.

Dans la seule année 1822, l'Angleterre tira de l'Allemagne plus de 30 millions de kil. d'ossements recueillis en partie sur les champs de bataille des dernières guerres.

Depuis ces tentatives, le commerce des os, pour l'agriculture, a pris des développements tellement considérables, que chaque jour ce produit devient de plus en plus rare, et finit par atteindre des prix qui ne seront bientôt plus en rapport avec les produits du sol.

Le phosphate de chaux des os, insoluble dans l'eau, se dissout dans les acides les plus faibles, tel que l'acide carbonique; et cette solubilité est d'autant plus importante à noter, que c'est probablement lorsque l'acide phosphorique se trouve ainsi dissous dans l'eau dont le sol est humecté, que les radicelles des plantes le pompent avec l'eau elle-même pour l'introduire dans la circulation végétale.

Il existe d'autres sources de phosphate de chaux assez répandus dans le commerce, et connu sous le nom de phosphate fossile. L'agriculture emploie avec succès ces nouvelles découvertes de la science, mais nous croyons qu'il faut accorder la préférence au phosphate de chaux des os.

---

## CHAPITRE III.

D'après ce que nous avons dit dans les lignes qui précèdent sur *l'azote, la potasse* et *les phosphates*, on comprend sans peine de quelle haute utilité pourrait être, en agriculture, l'emploi des nitrates de potasse additionnés de phosphate de chaux.

Nous ferons remarquer toutefois que l'introduction de ce sel dans la pratique agricole ne serait pas nouvelle, car des hommes spéciaux, appartenant, il est vrai, plutôt à la science qu'à la pratique, ont fait des essais et ont constamment obtenus des résultats des plus satisfaisants, et sur lesquels on avait le droit de compter.

Devant des faits de cette nature, l'agriculture aurait donc tout avantage à suivre les indications qui lui viennent de plus haut, et qui du reste ne lui sont données que pour son profit et son avantage.

M. de Gasparin, à qui l'agriculture moderne devra l'un de ses plus beaux progrès, a fait des essais nombreux des *nitrates*, et constate qu'ils ont toujours été couronnés de succès.

M. Lecoq, savant naturaliste de Clermont, le considère comme le plus efficace de tous les engrais salins ; il affirme qu'a des doses assez minimes il agit énergiquement sur les céréales, sur les légumineuses et sur le sarrazin.

Chatterley a fait des essais sur des froments, et l'emploi de ce sel, reconnu favorable, a donné les résultats suivants :

RÉCOLTE (PAR HECTARE).

| dose de nitrate. | grain. | paille. | total. |
|---|---|---|---|
| 0 kil. | 1,507 | 2,115 | 3,622 |
| 103,6 | 1,748 | 2,199 | 3,947 |

M. Isidore Pierre, le savant que nous avons déjà cité plusieurs fois, a employé le nitrate de potasse sur le *sainfoin,* et il constate que son action, très puissante la première année, s'est encore fait sentir d'une manière appréciable pendant la seconde année. Voici des chiffres obtenus par ce savant :

FOURRAGE SEC (PAR HECTARE).

| | 1849 | | | 1850 |
|---|---|---|---|---|
| dose de nitrate. | 1re coupe. | 2e coupe. | regain. | coupe unique. |
| 0 kil. | 9,200 | 4,200 | 861 | 7,770 |
| 16 2/3 | 10,300 | 4,600 | 828 | 7,783 |
| 33 1/3 | 11,628 | 4,647 | 906 | 8,999 |

Woght prétend que 5 kil. 1/2 de salpêtre produisent autant que 1,000 kil. de fumier. S'il en est ainsi, l'action des deux engrais ne serait pas en rapport avec leur richesse en azote, parce que 5 kil 1/2 de salpêtre contiennent moins d'azote que n'en ont trouvé MM. Boussingault et Payen dans 200 kil. de fumier. En Belgique, il se fait aujourd'hui des essais qui donnent des résultats inespérés (1).

Si à ces essais entrepris par la science nous joignons ceux faits par la pratique, nous reconnaîtrons sans peine l'indispensable utilité de ce puissant engrais.

Une remarque faite depuis longtemps a toujours confirmé que les agriculteurs qui recherchaient pour mettre dans les sols les vieux platras, les terres des caves, agissaient de la manière la plus judicieuse. Ces résidus, ces débris contiennent en effet des nitrates (nous avons vu précédemment que c'était là une de leurs sources). Il a été et il est reconnu aussi que ces nitrates, tout en agissant énergiquement sur la végétation, avaient la merveilleuse propriété de donner naissance autour d'eux à la formation d'un sel de même nature. Au reste, tous les sols ont une tendance marquée à la nitrification, et cette tendance se trouve naturellement augmentée dès que ce sel existe dans un sol. A l'insu du cultivateur, la pratique agricole occasionne chaque jour et à chaque ins-

(1) M. P. Bortier, propriétaire-cultivateur, à Ghistelles (Belgique), a publié deux petits opuscules qu'il a bien voulu nous adresser, sur la production des nitrates et leur application en agriculture.

Le savant agronome a su joindre la pratique à la théorie, et nous sommes heureux de constater avec lui les légitimes succès obtenus.

tant la naissance de nouveaux nitrates. Il nous suffit, à l'appui de ce que nous avançons, de citer les paroles que Dolomieu écrivait en 1779 : « Je crois que les découver-
» tes sur la génération du salpêtre pourraient bien aussi
» nous instruire sur les principes de la végétation. Pour
» mettre un terrain dans son plus complet rapport, dans
» sa plus grande valeur, fait-on autre chose, par des la-
» bours multipliés, que présenter successivement au con-
» tact de l'air les différentes parties de la surface du ter-
» rain ? On introduit des substances animales ou végéta-
» les en putréfaction, on mêle à une terre trop argileuse
» et trop tenace de la marne calcaire, tous moyens pour
» obtenir du nitre avec succès. Aussi, n'est-il point de
» terre en plein rapport qui ne donne du nitre par lévi-
» gation. D'après cela, ne pourrait-on pas soupçonner
» qu'un des principes de la végétation, une des principa-
» les causes qui la mettent en action, est ce même sel
» nitreux dont il reste maintenant à deviner la généra-
» tion ? On pourrait suivre plus loin cette analogie entre
» les moyens de produire le salpêtre et ceux dont on
» se sert pour mettre une terre dans sa plus grande va-
» leur. »

Les recherches de Proust, de MM. Boussingault et Kulhmann ont prouvé de la manière la plus évidente que les terres voisines des nitrières et aptes à en produire elles-mêmes étaient douées d'une grande fertilité.

A Ceylan, selon Davy, les cavernes, dont les parois se salpêtrent avec une si grande rapidité, sont surmontées d'un sol fertile, extrêmement boisé, dont les infiltrations peuvent pénétrer dans l'intérieur.

Comment agissent les nitrates, et quels rôles jouent-ils dans l'acte si important de la végétation ? La réponse à ces questions n'est pas sans difficulté, et il en sera toujours ainsi quand il s'agira de vouloir mettre à découvert les secrets de la nature.

Quoi qu'il en soit, plusieurs agronomes distingués sont portés à admettre que c'est après s'être transformé en carbonate d'ammoniaque que ce sel devient réellement efficace.

M. Kulhmann pense que les nitrates se transforment en ammoniaque ou en sels ammoniacaux lorsqu'ils ont été entraînés à une certaine profondeur par les eaux pluviales. Si la présence des matières organiques favorise cette transformation dans le sol, elle doit s'effectuer d'autant mieux que le sol est plus richement fumé. Les nitrates que l'on trouve quelquefois dans certaines plantes semblent prouver que cette explication ne peut être admise que partiellement. C'est au reste ce qui arrive chaque fois que l'on cherche à généraliser des faits trop peu nombreux, dans le but de simplifier l'expression des phénomènes qui s'accomplissent dans le sein de la terre.

---

## CHAPITRE IV.

Comme il est reconnu, et avec juste raison, que les nitrates, ainsi que tous les sels ammoniacaux ne contiennent pas tous les éléments constitutifs des plantes, il s'ensuit qu'ils ne pourront être employés seuls pendant longtemps de suite et sans inconvénient.

Aussi nous nous garderons de recommander leur emploi d'une manière exclusive; c'est en mélange, en combinaison avec d'autres matières que leur action se fera surtout sentir d'une manière efficace, et ces matières seront principalement des déchets de chair, d'os et autres éléments dont le sol peut tirer un profit réel, tels que des cendres, des marnes, etc., etc.

C'est avec ces divers produits que nous fabriquons l'engrais que nous introduisons dans le commerce après nous être assurés par nous-mêmes de sa puissante efficacité.

Nous avons d'abord cherché à faire dominer dans la fabrication de cet engrais les éléments principaux sans lesquels toute culture est reconnue sinon impossible, du moins à peu près nulle.

Nous voulons dire *l'azote*, *la potasse* et *les phosphates* ; les détails que nous avons donnés plus haut sur ces divers principes, constamment retrouvés dans presque toutes les plantes vivant à la surface du globe, nous dispensent d'en parler ici.

Mais nous ferons remarquer que nous avons concentré tous nos efforts pour arriver à donner sous un moindre volume, et dans des conditions abordables, la somme d'azote, de phosphate et de potasse généralement requise pour les grandes cultures. L'analyse que nous donnons de cet engrais démontre que les titres divers sont dans de justes rapports et correspondent au prix de vente.

TITRE DE L'ENGRAIS NITRO-PHOSPHATÉ :

| | |
|---|---|
| Azote. . . . . . . . . . . . . . . . | 4 à 5 |
| Phosphate de chaux. . . . . . . . | 15 à 20 |
| Potasse. . . . . . . . . . . . . . . | 5 à 8 |

## Céréales.

Cet engrais, dans les conditions où il se trouve, doit être appliqué à la culture des céréales, qui toutes réclament, mais particulièrement le froment, de l'azote, de la potasse et des phosphates. Au Chapitre II de cet opuscule nous avons donné un tableau où il est fait mention des quantités extraordinaires d'acide phosphorique qui se trouvent dans ces plantes. Sous le nom de céréales, nous comprenons les froments, l'orge, le seigle, l'avoine, le maïs.

### Prairies.

Les prairies, quoique composées d'une quantité innombrable de plantes, présentent surtout deux familles, les *graminées* et les *légumineuses*, dont les unes veulent des phosphates, les autres de la potasse. Cet engrais donc, riche en potasse et additionné, comme nous l'avons dit, de phosphate, sera très utilement employé pour les prairies. Les cendres qu'il contient en assez grande quantité contribueront puissamment, à cause de leur élément calcaire, à l'amélioration des prairies basses et humides, et où dominent surtout les joncs, les carex et les mousses.

### Pommes de terre. — Betteraves.

La culture des pommes de terre, des betteraves principalement, dont les cendres à l'analyse donnent une si grande somme de potasse, devront nécessairement se trouver bien de cet engrais; au reste, les expériences de M. Lecoq sur des semis de betteraves l'ont démontré de la manière la plus évidente et la plus péremptoire.

### Vigne.

Tout engrais potassé sera toujours celui que préfère la vigne; l'expérience l'a démontré, et aujourd'hui plus que jamais, c'est un fait acquis à la science et à la pratique qui ont constaté l'une et l'autre qu'il n'y avait plus de culture possible si on ne rendait au sol les éléments enlevés peu à peu par les plantes qui y végétaient.

Pour démontrer que le nitrate de potasse ou salpêtre est recherché d'une manière toute particulière par la vigne, il ne s'agit que d'examiner la luxuriante végétation que présentent les pieds de vigne situés près des murs; il est évident que là, la plante trouve un de ces éléments qui lui sont indispensables et qui assurent tout à la fois une fertilité aussi riche que longue et durable.

Nous dirons ici, en passant, que les engrais à base de potasse commencent à être considérés comme l'un des spécifiques qui, très certainement, contribueront à guérir le terrible fléau de l'oïdium.

### Tabacs.

Les tabacs, dont les cendres donnent de notables proportions de sels de chaux et de potasse, seront très bien traités par cet engrais qui, lui aussi, renferme ces deux bases.

### Quantités.

Les quantités à employer doivent nécessairement varier avec les différentes cultures. Tout en laissant libres cependant les propriétaires d'augmenter ou de diminuer les quantités ; voici les doses que nous conseillerions :

Pour froment, 600 kil. à l'hectare ou 200 par journaux.

Pour prairies, 300 kil.

Pour tabac, 500 kil.

Pour betterave et pomme de terre, 500 kil.

Pour vigne, 1/2 kil. par pied.

Cet engrais se livre au prix de F. 11 la balle de 50 kil. en sac neuf plombé, à notre usine de Caudéran ou à Bordeaux, impasse du Vieux-Marché, 8.

BARRIÈRE & FILS AINÉ.

USINE A CAUDÉRAN, *près Bordeaux.*
COMPTOIR : **Impasse du Vieux-Marché, 8.**

Mai 1865.

## TABLE.

www.ingramcontent.com/pod-product-compliance
Ingram Content Group UK Ltd.
Pitfield, Milton Keynes, MK11 3LW, UK
UKHW020414220726
13923UKWH00004B/1949